まじめにふまじめに
おぼえる

かいけつ
ゾロリの すうじ

たしざん・ひきざん

小学 1 年生

ポプラ社

もくじ

この 本の つかい方

この 本では 「**まじめに おぼえる！**」「**まじめに れんしゅう！**」
そして 「**まじめに ふまじめに れんしゅう！**」の くりかえしで
小学1年生の たしざん・ひきざんを たのしく マスターできます。

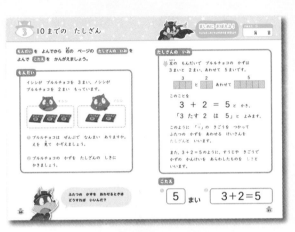

まじめに おぼえる！

れんしゅうの もんだいを とくために
ひつような かんがえかたを せつめい
しています。
よく よんで ないようを おぼえてから
つぎの ページの れんしゅうに
とりくみましょう。

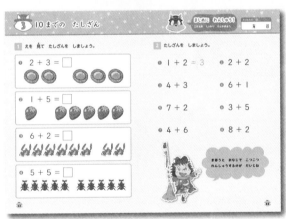

まじめに れんしゅう！

おぼえた ないようを つかって
もんだいをとく れんしゅうページです。
もんだいを ときながら けいさんの
しかたや かんがえかたを
みにつけましょう。

まじめに ふまじめに れんしゅう！

れんしゅうした けいさんほうほうで
文しょうもんだいを といてみましょう。
おやじギャグいっぱいの
文しょうもんだいに わらって チャレンジ！

こたえは 86〜92ページに あります。

キャラクター
しょうかい

イシシ
ゾロリを そんけいし、いつも いっしょに こうどうしている。ふたごの おとうとは ノシシ。

ノシシ
イシシと おなじく ゾロリを そんけいし、いっしょに たびを している。きょうだいそろって くいしんぼう。

ゾロリ
いたずらの 王じゃを めざして たびを つづける キツネ。いたずらと はつめい、そして おやじギャグが 大とくい！

ゾロリママ
天ごくに いる ゾロリの ママ。

ビート
正ぎかん あふれる ねっけつしょう年。ゾロリを ライバルだと おもっている。

ネリー
まほう学校に かよう まほうつかいの 見ならい。

ローズ
なぞの スパイ。

ようかい学校の先生
ようかいを そだてる 学校の 先生。

タイガー
わるだくみばかり している かいぞく。

コブル
ブルルしゃちょうの ひしょ。

ブルル
ブルルしょくひんの しゃちょう。

原ゆたか
「かいけつゾロリ」の さくしゃ。

ゾロリ さんすうに めざめる！

あれ？ 8こあった あめ玉が 6こに なってるだ！

ゾロリせんせが 3こ たべただな!?

たべたけど 2こだけだぞ！ けいさん あってるよな？

……まあ どっちでも いいか！

ポプラしんぶん

ん？

インタビュー マティ王国のスージー姫

「さんすうの できるひとが すきです！」

さんすうの べんきょう しよ〜っと!!

イシシ！ ノシシ！ これからは さんすうの じだいだ〜!!

うは〜

うは

どうしただ？ きゅうに…

この本で しっかり べんきょうしようね

1から 5までの かずの かきかたを なぞって
おぼえましょう。

ブルルチョコの
かずを かぞえながら
すすめていこう！

1
いち

2
に

3 さん

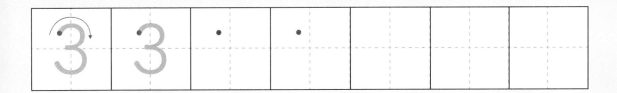

4 し（よん）

5 ご

6から 10までの かずの かきかたを なぞって
おぼえましょう。

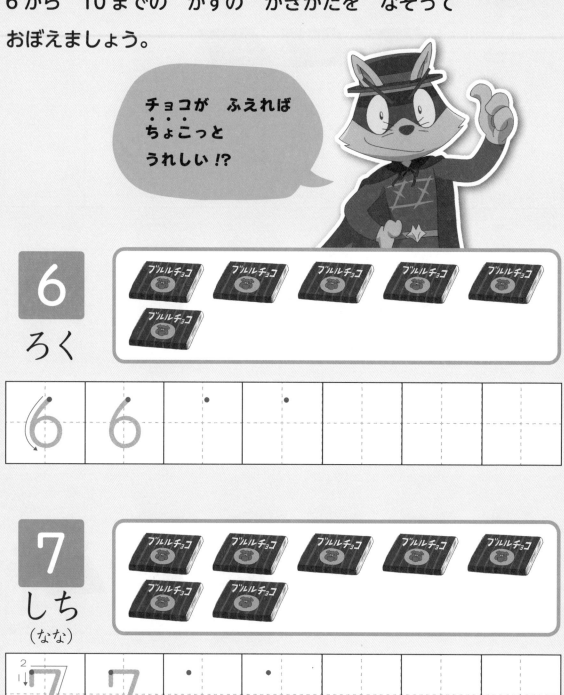

チョコが ふえれば
・・・
ちょこっと
うれしい!?

6
ろく

7
しち
（なな）

8
はち

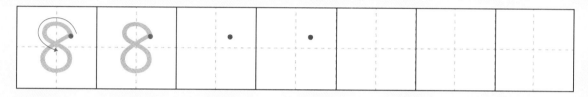

9
く
（きゅう）

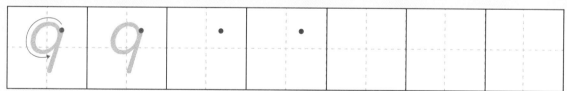

10
じゅう

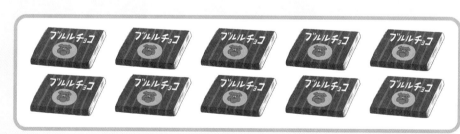

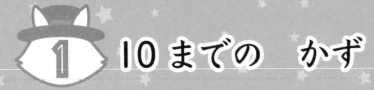
1 えの　かずを　かぞえて □に　かきましょう。

❶
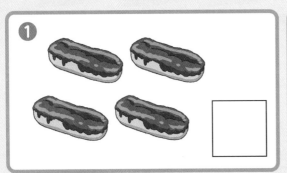

❷
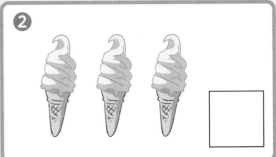

❸

❹
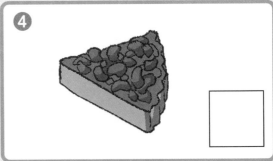

❺

❻
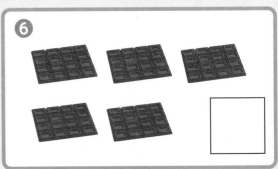

❼
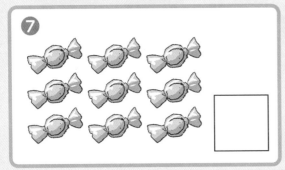

❽
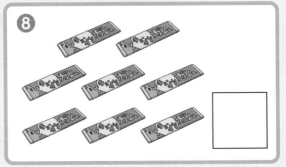

2 かずが おおい ほうの □ に ○を かきましょう。

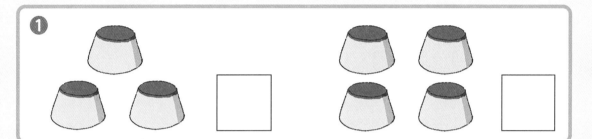

①

②

3 大きい ほうの かずを ○で かこみましょう。

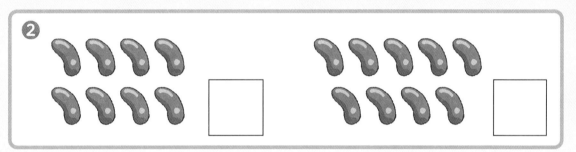

① 10　9

② 6　7

③ 1　8

④ 2　3

おかしを かぞえるなんて
おかしいだか？

かずを ふたつに わける ほうほうを おぼえましょう。

1 6この イチゴを わけてみましょう。

6は いくつと いくつに わけられるでしょうか？
□の かずを なぞってみましょう。

5 と 1

4 と 2

3 と 3

2 と 4

1 と 5

かずを わけると べつの かずの
くみあわせに なりますね

2 10この けしゴムを わけてみましょう。

10は いくつと いくつに わけられるでしょうか?
□の かずを なぞってみましょう。

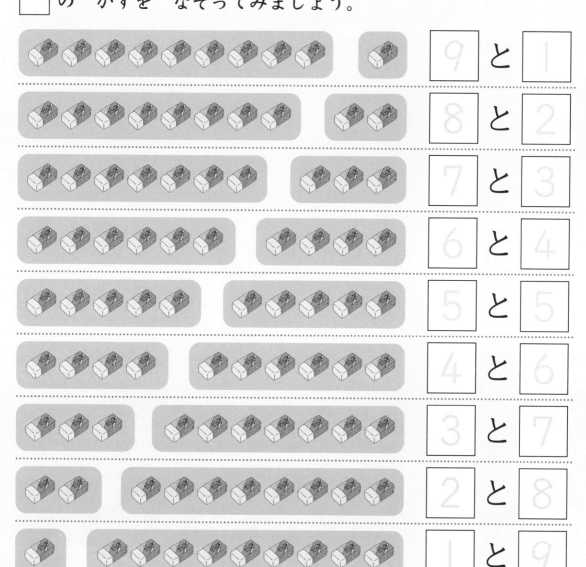

れい を よんでから もんだい と かんがえかた を よんで
かずを ふたつに わける かんがえかたを おぼえましょう。

れい

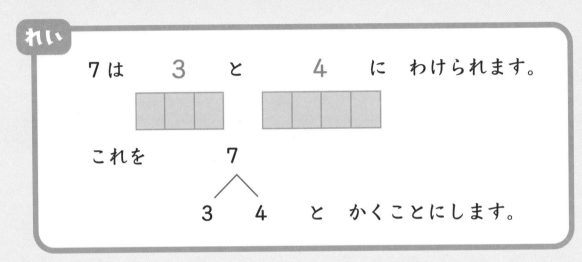

7は 3 と 4 に わけられます。

これを 7

3 4 と かくことにします。

もんだい

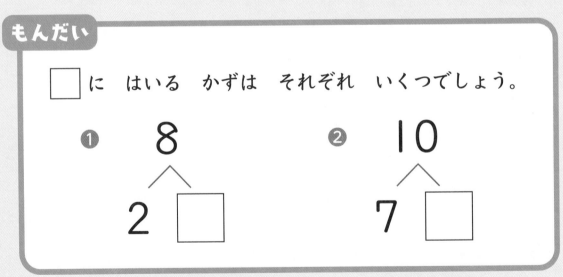

□ に はいる かずは それぞれ いくつでしょう。

❶ 8

2 □

❷ 10

7 □

かずの わけかたを
マスターするぞ！

はじめに❷
かずを わけてみるぜ

おぼえた 日

月　　日

かんがえかた

❶ 8は 2と あと いくつかを かんがえます。

　　　8　　　　　　2　　　　　6

| | | | | | | | | は | | | と | | | | | |

8は 2と 6に わけられるので
□ に はいる かずは 6です。

こたえ

8
2 6

❷ 10は 7と あと いくつかを かんがえます。

　　　　10　　　　　　　　　7　　　　3

| | | | | | | | | | | は | | | | | | | と | | |

10は 7と 3に わけられるので
□ に はいる かずは 3です。

こたえ

10
7 3

あと いくつかを
かぞえるだね

15

1 えを　見て　□に　かずを　かきましょう。

① 7 は 4 と □
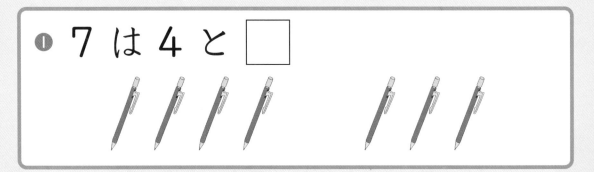

② 9 は 2 と □
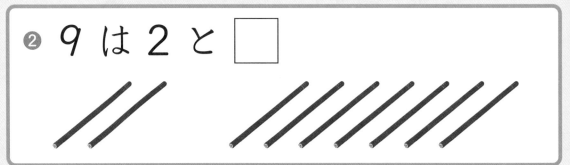

③ 8 は 7 と □
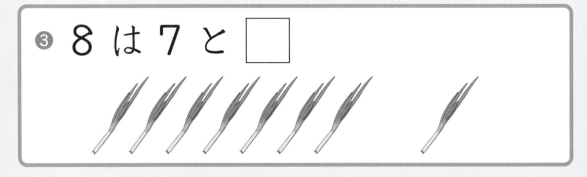

④ 10 は 5 と □
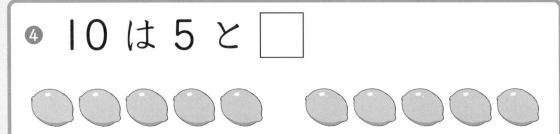

2 □に　かずを　かきましょう。

① 6
1 □

② 10
6 □

③ 5
2 □

④ 8
3 □

⑤ 7
5 □

⑥ 9
4 □

つぎは　いよいよ
たしざんが　はじまるぞ!

ゾロリからの さんすうもんだい！

3 10までの たしざん

もんだい を よんでから 右の ページの たしざんの いみ を
よんで こたえ を かんがえましょう。

もんだい

イシシが ブルルチョコを 3まい、ノシシが
ブルルチョコを 2まい もっています。

❶ ブルルチョコは ぜんぶで なんまい ありますか。
えを 見て かぞえましょう。

❷ ブルルチョコの かずを たしざんの しきに
かきましょう。

ふたつの かずを あわせるときは
どうすれば いいんだ?

たしざんの いみ

左の もんだいで ブルルチョコの かずは
3まいと 2まい、あわせて 5まいです。

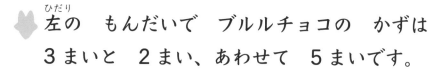

このことを

$$3 + 2 = 5$$ と かき、

「3 たす 2 は 5」と よみます。

このように 「＋」の きごうを つかって
ふたつの かずを あわせる けいさんを
たしざんと いいます。

また、3＋2＝5のように、すうじや きごうで
かずの かんけいを あらわしたものを しきと
いいます。

こたえ

❶
| 5 | まい |

❷
| 3＋2＝5 |

1 えを 見て たしざんを しましょう。

❶ $2 + 3 = \boxed{}$

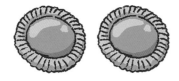 

❷ $1 + 5 = \boxed{}$

❸ $6 + 2 = \boxed{}$

❹ $5 + 5 = \boxed{}$

2 たしざんを しましょう。

❶ 1 + 2 = 3　　❷ 2 + 2

❸ 4 + 3　　　　❹ 6 + 1

❺ 7 + 2　　　　❻ 3 + 5

❼ 4 + 6　　　　❽ 8 + 2

まほうと おなじで こつこつ
れんしゅうするのが だいじね

23

1 カメの こうらに コーラが **2本** のっています。
さらに **2本** のせると、コーラは ぜんぶで なん本に
なりますか?

しき		こたえ	

2 トラックに トラが **3とう** のっています。あとから
2とう のると トラは ぜんぶで なんとうですか?

しき		こたえ	

3 ノシシの 右の はなに 花が **2本**、左の はなに 花が **3本** ささっています。花は ぜんぶで なん本 ですか?

なにしてるだ?

しき

こたえ

4 ガムが 右の くつに **2こ**、左の くつに **3こ** くっついてます。くつに くっついた ガムは ぜんぶで なんこでしょう?

ガーッ!!
むかつく〜

しき

こたえ

もんだい を よんでから 右の ページの ひきざんの いみ を
よんで こたえ を かんがえましょう。

もんだい

ブルルチョコが 6まい あります。ゾロリが 2まい
たべると、のこりは なんまいですか?

6まい

2まい

**2まい
いただき!**

❶ のこった ブルルチョコは ぜんぶで なんまい
ですか。 えを 見て かぞえましょう。

❷ ブルルチョコの かずを ひきざんの しきに
かきましょう。

**こんどは のこりの かずを
けいさんするわよ**

ひきざんの いみ

左の もんだいで ブルルチョコの まいすうは 6まいから 2まい へらして 4まいです。

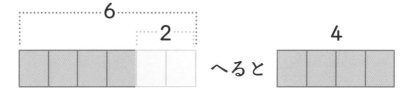

へると

このことを

6 － 2 ＝ 4 と かき、

「6 ひく 2 は 4」と よみます。

このように 「－」の きごうを つかって
あるかずから あるかずを ひいて のこりの かずを
もとめる けいさんを ひきざんと いいます。

こたえ

①  4 まい

② 6－2＝4

「＋」と 「－」を まちがえないように 気をひきしめるだ

1 えを 見て ひきざんを しましょう。

❶ あめ玉が 5こ あります。イシシが 1こ
たべると のこりは なんこですか。

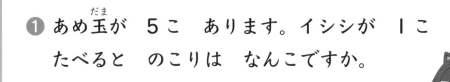

$$5 - 1 = \boxed{}$$ こたえ $\boxed{}$ こ

❷ あめ玉が 7こ あります。ノシシが 3こ
たべると のこりは なんこですか。

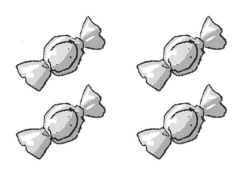

$$7 - 3 = \boxed{}$$ こたえ $\boxed{}$ こ

2 ひきざんを しましょう。

❶ 5 − 3 = 2　　❷ 2 − 1

❸ 6 − 4　　　❹ 5 − 2

❺ 9 − 7　　　❻ 4 − 3

❼ 8 − 3　　　❽ 10 − 1

ひきざんは にがてだが
つなひきなら とくいだぜ！

10までの ひきざん

1 テントに テントウムシが **7ひき** います。**2ひき**が
そとに 出ると、テントの 中の テントウムシは
なんびきですか？

しき		こたえ

2 イシシが ふとんを **4まい** ほしていたら、かぜで
1まい ふっとんでしまいました。のこっている
ふとんは なんまいでしょう？

しき		こたえ

3 いけに コイが **5ひき** います。「こっちに こい！」と
いったら **2ひき** きました。こなかった コイは
なんびきですか？

| しき | | こたえ | |

4 サルが **8ひき** います。**3びき**が 立ちさると
のこりは なんびきで ござるか？

| しき | | こたえ | |

ゾロリ たびに 出る！

スージー姫
王子さまこうほ
ぼしゅうちゅう！

さんすうの
とくいなかた
マティ王国で
まってます♡

スージーひめと
おちかづきの
チャンス!?

イシシ！ ノシシ！
マティ王国へ
むかうぞ〜!!

だだっ

そうなると
おもって
おにぎりを
かってきただ

たびの
とちゅうで
たべるだよ

おお！
さすが
だな！

そうだ！ おにぎりで
ゾロリせんせに
さんすうの もんだいを
だすだよ！

おもしろそうだな
どんとこい！

まるい おにぎりが
らこ さんかくの
おにぎりが 4こ
あるだ

ぜんぶ
あわせると
なんこでしょう?

な〜んだ!
そんな
もんだいか

こたえは
1こだ!!

にぎ〜ん!!

がったい
させちゃっ
ただー!!

どデカ
おにぎり〜

おなか
いっぱい!!

おらたちの
おにぎりも
たべられただ……

ほんとの こたえは
5+4で 9こよ
ゾロリちゃん……

5 10より 大きい かず

もんだい を よんでから 右の ページの
10より 大きいかず を よんで しき と こたえ を
かんがえましょう。

もんだい

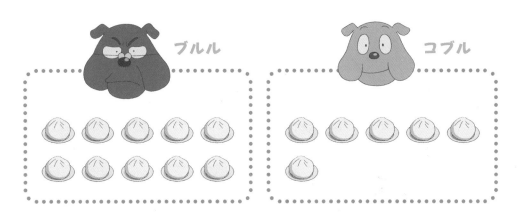

ブルルが にくまんを 10こ、コブルが にくまんを
6こ もっています。ふたりが もっている
にくまんは ぜんぶで なんこでしょうか。

ブルル　　　　　コブル

にくまん いっぱいで
ブルルたちが にくらしいだ……

10より 大きいかず

10より 大きい かずは 10の まとまりと あと いくつ あるかを かんがえます。

10　　　　　　　　　6

□□□□□□□□□□ と □□□□□□

10の まとまりと 6を あわせて 16と かいて 「じゅうろく」と よみます。

おなじように、10より 1つずつ 大きいかずを 下の ように かいていきます。

11 じゅういち

12 じゅうに

13 じゅうさん

14 じゅうし（じゅうよん）

15 じゅうご

16 じゅうろく

17 じゅうしち（じゅうなな）

18 じゅうはち

19 じゅうく（じゅうきゅう）

しき 10＋6＝16 **こたえ** 16 こ

5 10より 大きい かず

1 えの かずを ☐ に かきましょう。

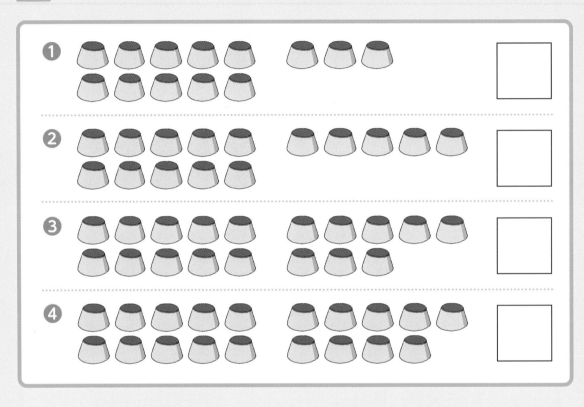

2 ☐ に あてはまる かずを かきましょう。

❶ 10 と 1 で ☐   ❷ 10 と 4 で ☐

❸ 10 と 8 で ☐   ❹ 10 と 9 で ☐

❺ 11 は 10 と ☐   ❻ 12 は 10 と ☐

❼ 15 は 10 と ☐   ❽ 13 は 10 と ☐

3 けいさんを しましょう。

❶ 10＋1 ＝ 11

❷ 10＋5

❸ 10＋9

❹ 10＋2

❺ 10＋6

❻ 10＋8

❼ 13－3

❽ 14－4

|❼のヒント|

13は 10と 3を あわせた
かずね！
そこから 3へると いくつ
のこるかしら？

1 にんぎょが あらわれて、10人の おとなと 5人の こどもが おどろいています。ぜんぶで なん人 ギョッと しましたか?

しき		こたえ	

2 かわに いた 10ぴきの ワニと にわに いた 4ひきの ワニが わに なりました。わに なった ワニは なんびき でしょうか?

しき		こたえ	

3 かれぇ カレーライスを ゾロリが **10** ぱい、
イシシが **4** はい たべました。あわせて なんばい
たべましたか?

しき		こたえ	

4 ゾロリは クリを **12** こ もっていましたが、
ビックリして **2** こ おとしました。クリは なんこ
のこってますか?

しき		こたえ	

もんだい を　よんでから　右の　ページの　かんがえかた を
よんで しき と こたえ を　かんがえましょう。

もんだい

ゾロリたちは　どうくつで　ほうせきを　とって
います。ゾロリは　3こ、イシシは　2こ、ノシシは
4こ　とりました。3にんが　とった　ほうせきは
あわせて　なんこでしょう。

たしざんを　2かい　すれば
わかりそうだな

かんがえかた

3つの　かずの　けいさんも　1つの　しきで　あらわす
ことが　できます。
左の　もんだいの　3つの　かずを　あわせる
たしざんは　3＋2＋4　と　かくことが　できます。

けいさんは　左から　じゅんばんに　たして

$$3 + 2 + 4 = 9$$　となります。

5

まず 3＋2＝5、つぎに 5＋4＝9
と　じゅんばんに　けいさんする

おなじように　ひきざんでも　3つの　かずの
けいさんを　1つの　しきで　あらわせます。
たとえば　8－3－4　は

$$8 - 3 - 4 = 1$$　となります。

5

まず 8－3＝5、つぎに 5－4＝1
と　じゅんばんに　けいさんする

しき

$$3 + 2 + 4 = 9$$

こたえ

9　こ

1　けいさんを　しましょう。

① $1 + 2 + 1 = 4$

　　　　3

② $5 + 1 + 4$

③ $3 + 4 + 2$

④ $2 + 3 + 3$

⑤ $5 + 5 + 1$

とちゅうの　けいさんの
けっかも　かいておこう！

2 けいさんを しましょう。

❶ 5 − 1 − 1 = 3

4

❷ 9 − 3 − 2

❸ 6 − 2 − 2

❹ 7 − 4 − 1

❺ 10 − 5 − 4

左から じゅんばんに けいさんするのよ

\たしざん/

1 ネコを きゃっとる（かってる） かねこさん。へやに
3びき、やねに **2ひき**、木の ねっこに **2ひき** います。
かってる ネコは ぜんぶで なんびきでしょう？

しき	こたえ

\ひきざん/

2 テントウムシが **7ひき** 立っています。**3びき**が
てんとうして、さらに もう **1ぴき** てんとうしました。
まだ 立っているのは なんびきでしょう？

しき	こたえ

3 \ひきざん/

マグロを たべまくろうと おもった ゾロリ。
8さら かってきて **3**さら たべ、さらに **3**さら
たべました。のこりは なんさらでしょうか？

しき

こたえ

4 \ひきざん/

学校に カエルが **9**ひき います。「ゲコー（下校）」と
いって **4**ひきが かえり、「ケェロー（かえろう）」と
いって **3**びきが かえると のこりは なんびきで
しょうか？

しき

こたえ

ゾロリと みかん

たびを する
ゾロリたちです

さーん♫

え？
さん…？

いっちたす
いっちは〜♪

たびの おかた
みかんを どうぞ
メェ〜

おお！
ありがたい！

そこの だんな
みかんを あげる
ゲロ〜

たすかるぜ！

ぴょこんっ

ぴょこんっ

みかん
もらえて
よかっただな！

さっそく
たべるだよ！

そうだ！ この みかんで
もんだいが できるぞ！

おまえたちに
とけるかな？

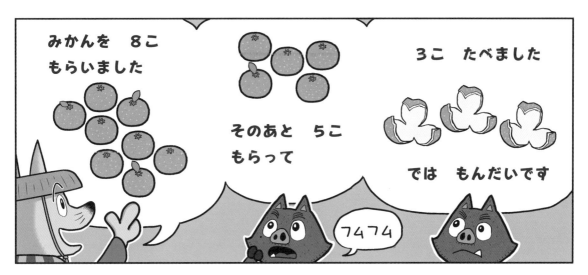

みかんを 8こ
もらいました

そのあと 5こ
もらって

3こ たべました

では もんだいです

フムフム

みかんを くれた
ふたりは なんさい
でしょう？

わかるわけ
ないだよ〜!!

メェ〜

ゲロゲロ!

ぴょこん

ぴょこん

こたえは
53さいと
370さいだ！

ちがーう！
5873さいだ
メェ！

2さいだ
ゲロ！

ゾロリせんせ
めちゃくちゃ
はずれてるだ……

1 くりあがりの　ある　たしざん

もんだい と ポイント を　よんでから　右の　ページの

かんがえかた を　よんで　けいさんの　しかたを

おぼえましょう。

もんだい

イシシが　ブルルチョコを　9まい、ノシシが　ブルル
チョコを　4まい　もっています。
ブルルチョコは　ぜんぶで　なんまいでしょう。

ポイント

ブルルチョコの　かずは　9＋4　の　しきで
あらわせ、こたえは　10より　大きくなりそうです。

このような「くりあがりの　ある　たしざん」の
けいさんの　しかたを　かんがえましょう。

かんがえかた

□の　かずを　なぞって　9＋4の　けいさんの
しかたを　おぼえましょう。

❶ 9は　あと □ で　10。

9　　　　　　と　　　　4

❷ 4を □ と　3に　わける。

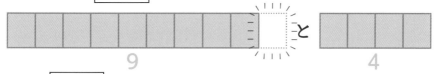

9　　　　と　1　と　3

❸ 9に □ を　たして　10。

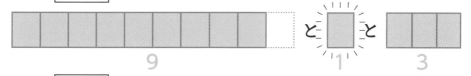

9　　　　　1　と　3

❹ 10と □ で □。

10　　　　と　　3

しき　$9＋4＝13$

こたえ　13 こ

7 くりあがりの ある たしざん

1 □に あてはまる かずを かきましょう。

❶ $9 + 3 = \boxed{12}$

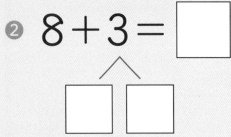

9+3のかんがえかた
- ❶ 9は あと 1で 10。
- ❷ 3を 1と 2に わける。
- ❸ 9と 1で 10。
- ❹ 10に のこりの 2を たす。

❷ $8 + 3 = \boxed{}$

8+3のかんがえかた
- ❶ 8は あと 2で 10。
- ❷ 3を 2と 1に わける。
- ❸ 8と 2で 10。
- ❹ 10に のこりの 1を たす。

❸ $7 + 4 = \boxed{}$

7+4のかんがえかた
- ❶ 7は あと 3で 10。
- ❷ 4を 3と 1に わける。
- ❸ 7と 3で 10。
- ❹ 10に のこりの 1を たす。

❹ $5 + 9 = \boxed{}$

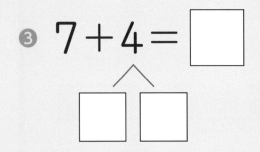

5+9のかんがえかた
- ❶ 9は あと 1で 10。
- ❷ 5を 1と 4に わける。
- ❸ 9と 1で 10。
- ❹ 10に のこりの 4を たす。

╲ ❹のヒント ╱
小さいほうの かずを ふたつに わけよう！

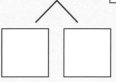

2 □に あてはまる かずを かきましょう。

❶ 8＋4＝□

□ □

❷ 7＋5＝□

□ □

❸ 9＋2＝□

□ □

❹ 4＋7＝□

□ □

3 けいさんを しましょう。

❶ 9 ＋ 5

❷ 7 ＋ 6

❸ 6 ＋ 8

❹ 8 ＋ 5

つぎの ページで くりあがりの ある たしざんの
文しょうもんだいに チャレンジです

1 ろうかに 赤い ふくの こどもが 8人、青い ふくの こどもが 3人います。こどもは ぜんぶで なん人 いるだろうか?

しき

こたえ

2 ゾロリが おふだを 右手に 9まい、左手に 3まい もっています。おふだは ぜんぶで なんまいだ〜?

しき

こたえ

3 うえきばちの しょくぶつに ハチが **8**ひき とまって
います。そのあと **5**ひき とまりました。とまっている
ハチは ぜんぶで なんびき?

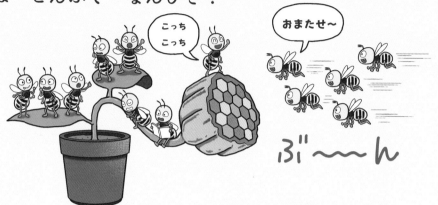

こっち こっち

おまたせ〜

ぶ〜〜ん

しき

こたえ

4 パンダが パンを **7**こ たべました。さらに **4**こ
たべると パンダは パンを ぜんぶで なんこ
たべることに なりますか?

パンツのゴムが くるしい……

パンダの おなか パンパン!

しき

こたえ

もんだい と ポイント を　よんでから　右（みぎ）の　ページの
かんがえかた を　よんで　けいさんの　しかたを
おぼえましょう。

もんだい

おまんじゅうが　13こ　あります。
ゾロリたちが　あわせて　9こ　たべると　なんこ
のこりますか。

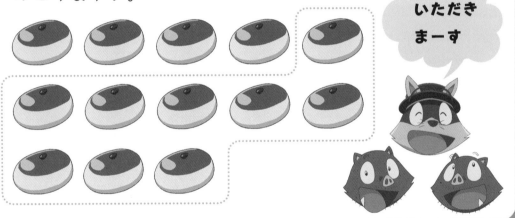

いただき
まーす

ポイント

おまんじゅうの　かずは　13－9　の　しきで
あらわせ、こたえは　10より　小（ちい）さくなりそうです。

このような「くりさがりの　ある　ひきざん」の
けいさんの　しかたを　かんがえましょう。

かんがえかた

□の かずを なぞって 13 − 9の けいさんの しかたを おぼえましょう。

① 3 から ⑨ は ひけない。

② 13 を 10 と ③ に わける。

10　と　3

③ 10 から ⑨ を ひいて ①。

9　1　と　3

④ 1 と ③ で ④。

1　と　3

しき

$$13 - 9 = 4$$

こたえ

4 こ

くりさがりの ある ひきざん

1 ☐ に あてはまる かずを かきましょう。

❶ 13−9＝

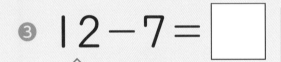

13−9のかんがえかた
❶ 3から 9は ひけない。
❷ 13を 10と 3に わける。
❸ 10から 9を ひくと 1。
❹ 1と 3を あわせる。

❷ 14−8＝ ☐

14−8のかんがえかた
❶ 4から 8は ひけない。
❷ 14を 10と 4に わける。
❸ 10から 8を ひくと 2。
❹ 2と 4を あわせる。

❸ 12−7＝ ☐

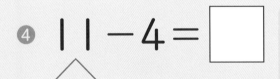

12−7のかんがえかた
❶ 2から 7は ひけない。
❷ 12を 10と 2に わける。
❸ 10から 7を ひくと 3。
❹ 3と 2を あわせる。

❹ 11−4＝ ☐

11−4のかんがえかた
❶ 1から 4は ひけない。
❷ 11を 10と 1に わける。
❸ 10から 4を ひくと 6。
❹ 6と 1を あわせる。

まずは かんがえかたを よみながら
ゆっくり けいさんするでしゅ

2 □に あてはまる かずを かきましょう。

① $15 - 9 =$ □

□　□

② $14 - 6 =$ □

□　□

③ $11 - 8 =$ □

□　□

④ $13 - 4 =$ □

□　□

3 けいさんを しましょう。

① $16 - 8$

② $11 - 3$

③ $14 - 7$

④ $13 - 5$

お金を けいさんするときは
まちがえたくないのお

1 13この カブを おふろに 入れたところ、9こが しずみました。おふろに うかぶ カブは ぜんぶで なんこでしたか？

しき		こたえ

2 ブドウが 11つぶ あります。「2つぶ どう？」と ともだちに あげると のこった ブドウは なんつぶですか？

たべたらきっと
よろこぶど〜！

しき		こたえ

3 カエルが つりに いきました。**14ひき** つれましたが、
6ぴき にがして のこりを もってかえりました。
なんびき もってかえるでしょうか？

こんなに
つれて
おったまげ！

しき	こたえ

4 ナシが **13こ** ありました。むちゅうに なって
はなしを しながら **9こ** たべました。のこりは
なんこですか？

たべるか
しゃべるか
どっちかに
したら？

しき	こたえ

もんだい を よんでから 右（みぎ）の ページの **かんがえかた** と
ポイント を よんで けいさんの しかたを おぼえましょう。

もんだい

イシシが あめ玉（だま）を 4こ、ノシシが あめ玉（だま）を 3こ
もっています。

イシシ

ノシシ

❶ ふたりが もっている あめ玉（だま）は ぜんぶで
なんこでしょう。

❷ ふたりが もっている あめ玉（だま）を ゾロリが 5こ
たべると のこりは なんこでしょう。

たしざんと ひきざんを
りょうほう つかうのか

かんがえかた

① ふたりが　もっている　あめ玉の　かずは
たしざんを　つかって　けいさんします。

しき 4 ＋ 3 ＝ 7　　**こたえ** 7 こ

② ゾロリが　たべた　のこりの　あめ玉の　かずは
ひきざんを　つかって　けいさんします。①の
こたえも　つかって

しき 7 － 5 ＝ 2　　**こたえ** 2 こ

ポイント

②の　けいさんは　3つの　かずの　けいさんを
つかった　しきで　あらわすことも　できます。

しき 4 ＋ 3 － 5 ＝ 2　　**こたえ** 2 こ

まず 4 ＋ 3 ＝ 7、つぎに 7 － 5 ＝ 2
と　じゅんばんに　けいさんする

こたえ　① | 7 | こ　　② | 2 | こ

⑨ たしざんと ひきざんの れんしゅう

1 けいさんを しましょう。

① $3 + 4 = 7$

② $9 - 2$

③ $10 + 5$

④ $12 - 2$

⑤ $7 + 7$

⑥ $13 - 6$

⑦ $5 + 8$

⑧ $11 - 4$

⑨ $13 - 9$

⑩ $7 + 5$

たしざんか ひきざんかを
まちがえないようにね

2 けいさんを しましょう。

① $4 + 1 + 5 = 10$

     5

② $9 - 3 - 3$

③ $14 - 4 - 2$

④ $4 + 4 - 1$

３つの けいさんは
左から じゅんばんにだぞ！

1 いかだで イカつりに いきました。**8ひき**
つりましたが、**3びき**に にげられてしまいました。
のこった イカは なんびきですか?

しき	こたえ

2 またまた、ガムが 右の くつに **3こ**、左の くつに
4こ くっつきましたが、**2こ**は とることができました。
まだ くつにくっついている ガムは なんこ
ありますか?

しき	こたえ

まじめに ふまじめに
れんしゅう！
さむ～い おやじギャグで かぜを ひく!?

とりくんだ 日
月　　　日

3 3さいの 小さい サイに サインを **7**まい
もらいました。そのあと 「もっとください！」と
いって **5**まい もらいました。もらった サインは
ぜんぶで なんまいですか？

しき

こたえ

4 気になっていた 木に 赤い はっぱが **4**まい、
きいろい はっぱが**4**まい ついていましたが
気がつくと **3**まい おちていました。木に のこった
はっぱは なんまいですか？

しき

こたえ

ゾロリ　かべを　こえる

この　かべの　むこうが
スージーひめが　いる
マティ王国（おうこく）だ！

とびらが
あるだよ

なにか
かいてあるだ

このもんだいをといて
こたえをボタンでおすと
トビラはひらきます。

$$9 + 7 = \boxed{?}$$

| 1 | 2 | 3 | 4 | 5 | 6 | 7 | 8 | 9 | 0 |

さんすうの
もんだいか！

ゾロリせんせ
わかるだか？

こんなもんだい
なんてことないぞ！

はっ　はっ　はっ　はっ

20分（ぷん）　たちました

まだ　わらって
るだ……

まさか　こたえが
わからないん
じゃ……？

は、は、は、

うっ　はっ　はっ

なんてこと
ないぞ〜

ノシシ！
こたえは　16だと
おもうだ……

べんきょう
したから
じしん
あるだ

よし！　ゾロリせんせに
さりげなく　ヒントを
あげるだよ……！

ひそ
ひそ
ひそ
ひそ

ゾロリせんせ！

うりゃ！

ぶお〜〜っ

ぼぶわ〜〜!!

おらたちの
おならを
見てほしいだ！

なるほど！

おならで
かべを　こえれば
いいのか!!

う〜ん
でない…！

だめだ……
わかって
ないだよ……

もういちど
おならする
だか……？

おならを　出すより
こたえを　出したいね

10 99までの かず

20より 大きい かずの かぞえかた と
20より 大きい かずと しき を よんで おぼえましょう。

20より 大きい かずの かぞえかた

20より 大きい かずは、10の まとまりの
かずと のこりの かずを あわせて あらわします。

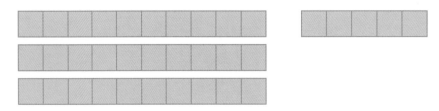

上の ▨ は 10の まとまりが 3こと のこりが
5こ あるので ▨ の かずは 35こです。35は
さんじゅうごと よみます。

このとき 10のまとまりの かずを あらわす
3を 十のくらい、5を 一のくらいと いいます。

	十のくらい	一のくらい
かきかた	3	5
よみかた	さんじゅう	ご

20より 大きい かずと しき

① 30と 5を あわせた かずは 35です。

しき

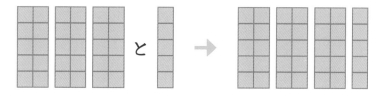

$$30 + 5 = 35$$

② 35から 5を ひいた かずは 30です。

しき

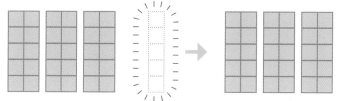

$$35 - 5 = 30$$

10の まとまりが 十のくらい
のこりの かずが 一のくらいです

ちなみに ようかいは くらいところが
大すきですよ

1 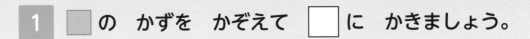 の かずを かぞえて □ に かきましょう。

❶
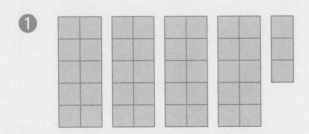

□

❷

□

2 □ に かずを かきましょう。

❶ 10が 3こと 1が 6こで □

❷ 十のくらいが 5で 一のくらいが
8の かずは □

❸ 82は 十のくらいが □、
一のくらいが □

3　けいさんを しましょう。

① 30 ＋ 5 ＝ 35　　② 20 ＋ 3

③ 70 ＋ 6　　④ 90 ＋ 9

⑤ 88 － 8　　⑥ 52 － 2

⑦ 41 － 1　　⑧ 68 － 8

かずが 大きくなっても けいさんの
しかたは おなじだね

1 はこに ピーッチリ **20**こ 入った モモを かって
かえりました。いえには **4**こ モモが ありました。
モモは あわせて なんこですか?

| しき | | こたえ | |

2 まごが たまごを **35**こ かいにいきました。ところが、
かえりに ころんで たまごを **5**こ わって
しまいました。われていない たまごは なんこですか?

| しき | | こたえ | |

3 スパイの ローズは すっぱい うめぼしを **48**こ
かって **8**こ たべました。のこりは なんこですか？

すっぱ〜〜〜い！

うめぇウメぼし 10コ　うめぇウメぼし 10コ
うめぇウメぼし 10コ　うめぇウメぼし 10コ

しき

こたえ

4 赤（あか）いろの カイロを **30**こ かって
かい（かえ）ろうとすると、おまけで **5**こ もらいました。
カイロは ぜんぶで なんこですか？

あかカイロ 5コ

あかカイロ 10コ
あかカイロ 10コ
あかカイロ 10コ

カイロほしい〜

しき

こたえ

大きい かずどうしの たしざんと ひきざんの しかたを
よんで おぼえましょう。

20より 大きい かずどうしの たしざん

30 + 20の けいさんの しかたを かんがえます。

30は 10が 3こ あつまった かずです。
20は 10が 2こ あつまった かずです。

3 + 2 = 5なので 30 + 20は 10が 5こ
あつまった かずに なります。

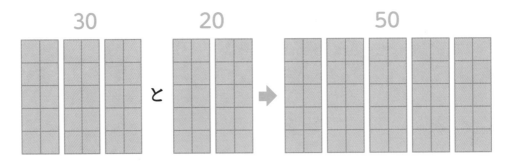

10が 5こ あつまった かずは 50なので
30 + 20 = 50 になります。

20 より 大きい かずどうしの ひきざん

50 － 20 の　けいさんの　しかたを　かんがえます。

50 は　10 が　5 こ　あつまった　かずです。
20 は　10 が　2 こ　あつまった　かずです。

5 － 2 ＝ 3 なので　50 － 20 は　10 が　3 こ
あつまった　かずに　なります。

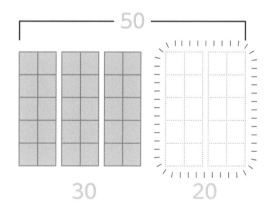

10 が　3 こ　あつまった　かずは　30 なので
50 － 20 ＝ 30 になります。

10の　かたまりが　いくつかを
かんがえるだな

1 けいさんを　しよう。

① $10+20=30$　　② $30+40$

③ $20+30$　　④ $60+10$

⑤ $50+20$　　⑥ $70+20$

⑦ $20+60$　　⑧ $10+80$

⑨ $40+20$　　⑩ $40+40$

ぜんぶで　10が　なんこに
なるかな？

2 けいさんを　しよう。

① 30−10＝20

② 50−30

③ 70−20

④ 60−50

⑤ 40−20

⑥ 50−10

⑦ 90−10

⑧ 40−10

⑨ 80−60

⑩ 90−70

のこる　10の　かたまりは
いくつだろう

1 ゾロリは やおやさんで 90円の ネギを ねぎって 20円 やすくしてもらいました。ネギは いくらに なったでしょうか？

20円
たりない！

ネギ
90円

しき	こたえ

2 シイタケを 40こ かったら 「ほしいだけあげるよ」と いわれたので さらに 10こ もらいました。
シイタケは ぜんぶで なんこ ありますか？

ぜんぶ
ほしいいたけに
するぜ！

しき	こたえ

3 ハブの　はブラシには　けが　**90本**　ありましたが
つかっているうちに　**20本**　ぬけてしまいました。
のこっている　けは　なん本でしょうか？

しき		こたえ

4 おならパワーアップのために　イシシと　ノシシは
イモの　かいものに　いきました。イシシが　**20こ**、
ノシシが　**30こ**　かうと　イモは　ぜんぶで
なんこでしょうか？

しき		こたえ

0から 100までの かず

下の ひょうを 見て 0から 100までの かずを
たしかめましょう。右の ページの 0という かず、
100という かず も よんで おぼえましょう。

0から 100までの かず

0	1	2	3	4	5	6	7	8	9
10	11	12	13	14	15	16	17	18	19
20	21	22	23	24	25	26	27	28	29
30	31	32	33	34	35	36	37	38	39
40	41	42	43	44	45	46	47	48	49
50	51	52	53	54	55	56	57	58	59
60	61	62	63	64	65	66	67	68	69
70	71	72	73	74	75	76	77	78	79
80	81	82	83	84	85	86	87	88	89
90	91	92	93	94	95	96	97	98	99
100									

0 という　かず

なにも　ないことを　いみする　かずが　0です。

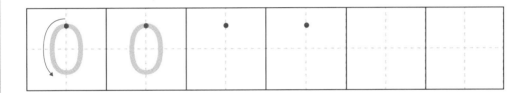

100 という　かず

10が　10こ　あつまった　かずが　100です。
かん字では　百と　かきます。

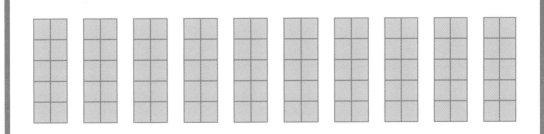

1 0から じゅんに かずが ならんでいます。
あいている □ を うめて ひょうを かんせい
させましょう。

0	1	2	3	4		6	7	8	9
	11		13	14	15	16		18	19
20	21	22	23		25	26	27	28	
30	31	32		34	35	36	37		39
40		42	43	44	45		47	48	49
50		52	53	54	55	56	57	58	59
	61	62	63		65	66		68	69
70	71		73	74	75	76	77	78	
80	81	82		84	85	86	87		89
90	91	92	93	94			97	98	99

2 □に　あてはまる　かずを　かきましょう。

❶ 10より　7　大きい　かずは　□

❷ 40より　8　大きい　かずは　□

❸ 50より　2　大きい　かずは　□

❹ 60より　9　大きい　かずは　□

❺ 80より　3　大きい　かずは　□

❻ 99より　1　大きい　かずは　□

これが　できれば　大きい
かずは　ばっちりね

スージーひめの　おむこさん

マテイ王国の
おしろ

さんすうが　いちばん
できる　ひとが
王子さまに　なれるん
だってな！

ちじから
テストだって
いってただよ

もう　4じ
50ぷんだ！

あ！
スージーひめ！

王子さまこうほの
ゾロリです！
テストを　うけに……

あなたたち
どうしたの？

かいけつゾロリ
さんじょうー!!

さんすう
ばっちり
だぜ！

さんすう
ドリル

ゾロリせんせ
がんばれ！

84

テストは
もう
おわったわ！
王子さまは
このかたよ

でも……!!
まだ　ごじに
なってませんよ？

ごじって
ごぜん
ごじよ！

ごぜん
ごじ……!?
そんな あさ
から!?

王子さまは　きまったけど
せっかく　きたんだから
テストの　もんだい　やってみる？

ペラリ〜ン

ううう……
やって
みるか……

こんなもんだい
すぐ　といちゃうぞ〜
どんなもんだい！

かずかずの　こんなんを
のりこえた　おれさまは
けっして　なかずに

たしざんの　こたえ
たしかめて

ひきざんも
気を　ひきしめて

なみだの
さんすうおやじギャグが
とまらないだ〜！

すごい！
ぜんぶ
とけてる

へぇ〜

カリ
カリ
カリ

1+5=6
7+6=13
9-3=6

まだまだ　さんすう
がんばるざんすぅ〜！

まにあってたら
ゾロリちゃんが
えらばれた
かもね！

こたえ

10〜11ページ

1 10までの かず

1 えの かずを かぞえて □に かきましょう。

① 4
② 3
③ 2
④ 1
⑤ 6
⑥ 5
⑦ 9
⑧ 8

2 かずが おおい ほうの □に ○を かきましょう。

① ○
② ○

3 大きい ほうの かずを ○で かこみましょう。

① ⑩ 9
② 6 ⑦
③ 1 ⑧
④ 2 ③

16〜17ページ

2 いくつと いくつ

1 えを 見て □に かずを かきましょう。

● 7は4と 3
● 9は2と 7
● 8は7と 1
● 10は5と 5

2 □に かずを かきましょう。

① 6 / 1 5
② 10 / 6 4
③ 5 / 2 3
④ 8 / 3 5
⑤ 7 / 5 2
⑥ 9 / 4 5

22〜23ページ

3 10までの たしざん

1 えを 見て たしざんを しましょう。

● 2 + 3 = 5
● 1 + 5 = 6
● 6 + 2 = 8
● 5 + 5 = 10

2 たしざんを しましょう。

① 1 + 2 = 3
② 2 + 2 = 4
③ 4 + 3 = 7
④ 6 + 1 = 7
⑤ 7 + 2 = 9
⑥ 3 + 5 = 8
⑦ 4 + 6 = 10
⑧ 8 + 2 = 10

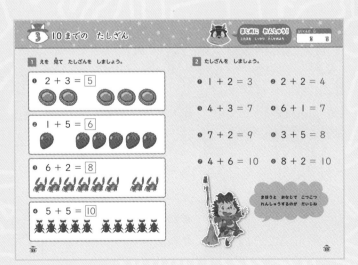

24〜25ページ

③ 10までの たしざん

まじめにふまじめに れんしゅう！

1 カメの こうらに コーラが **2本** のっています。さらに **2本** のせると、コーラは ぜんぶで なん本に なりますか？

しき　2 + 2 = 4　　こたえ　4本

2 トラックに トラが **3とう** のっています。あとから **2とう** のると トラは ぜんぶで なんとうですか？

しき　3 + 2 = 5　　こたえ　5とう

3 ノシシの 右の はなに 花が **2本**、左の はなに 花が **3本** ささっています。花は ぜんぶで なん本ですか？

しき　2 + 3 = 5　　こたえ　5本

4 ガムが 右の くつに **2こ**、左の くつに **3こ** くっついてます。くつに くっついた ガムは ぜんぶで なんこでしょう？

しき　2 + 3 = 5　　こたえ　5こ

28〜29ページ

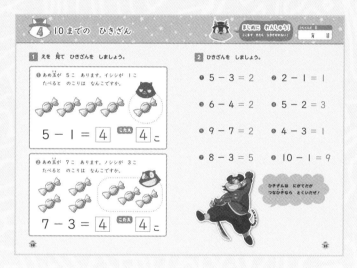

④ 10までの ひきざん

まじめに れんしゅう！

1 えを 見て ひきざんを しましょう。

❶ あめ玉が **5こ** あります。イシシが **1こ** たべると のこりは なんこですか。

$5 - 1 = \boxed{4}$　　こたえ　$\boxed{4}$こ

❷ あめ玉が **7こ** あります。ノシシが **3こ** たべると のこりは なんこですか。

$7 - 3 = \boxed{4}$　　こたえ　$\boxed{4}$こ

2 ひきざんを しましょう。

❶ $5 - 3 = 2$　　❷ $2 - 1 = 1$

❸ $6 - 4 = 2$　　❹ $5 - 2 = 3$

❺ $9 - 7 = 2$　　❻ $4 - 3 = 1$

❼ $8 - 3 = 5$　　❽ $10 - 1 = 9$

ひきざんは にがてだが つなひきなら とくいだぜ！

30〜31ページ

④ 10までの ひきざん

まじめにふまじめに れんしゅう！

1 テントに テントウムシが **7ひき** います。2ひきが そとに 出ると、テントの 中の テントウムシは なんびきですか？

しき　7 - 2 = 5　　こたえ　5ひき

2 イシシが ふとんを **4まい** ほしていたら、かぜで **1まい** ふっとんでしまいました。のこっている ふとんは なんまいでしょう？

しき　4 - 1 = 3　　こたえ　3まい

3 いけに コイが **5ひき** います。「こっちに こい！」と いったら **2ひき** きました。こなかった コイは なんびきですか？

しき　5 - 2 = 3　　こたえ　3びき

4 サルが **8ひき** います。3びきが 立ちさると のこりは なんびきで ござるか？

しき　8 - 3 = 5　　こたえ　5ひき

36〜37ページ

1 えの かずを □に かきましょう。
① 13
② 15
③ 18
④ 19

2 □に あてはまる かずを かきましょう。
① 10と1で 11　② 10と4で 14
③ 10と8で 18　④ 10と9で 19
⑤ 11は10と 1　⑥ 12は10と 2
⑦ 15は10と 5　⑧ 13は10と 3

3 けいさんを しましょう。
① $10+1=11$　② $10+5=15$
③ $10+9=19$　④ $10+2=12$
⑤ $10+6=16$　⑥ $10+8=18$
⑦ $13-3=10$　⑧ $14-4=10$

38〜39ページ

1 にんぎょが あらわれて、10人の おとなと 5人の こどもが おどっています。ぜんぶで なん人 ギョッとしましたか？
しき $10+5=15$　こたえ 15人

2 かわに いた 10ぴきの ワニと にわに いた 4ひきの ワニが わに なりました。わに なった ワニは なんびき でしょうか？
しき $10+4=14$　こたえ 14ひき

3 かれぇ カレーライスを ゾロリが 10ぱい、イシシが 4はい たべました。あわせて なんばい たべましたか？
しき $10+4=14$　こたえ 14はい

4 ゾロリは クリを 12こ もっていましたが、ビックリして 2こ おとしました。クリは なんこ のこってますか？
しき $12-2=10$　こたえ 10こ

42〜43ページ

1 けいさんを しましょう。
① $1+2+1=4$
　　3
② $5+1+4=10$
　　6
③ $3+4+2=9$
　　7
④ $2+3+3=8$
　　5
⑤ $5+5+1=11$
　　10

2 けいさんを しましょう。
① $5-1-1=3$
　　4
② $9-3-2=4$
　　6
③ $6-2-2=2$
　　4
④ $7-4-1=2$
　　3
⑤ $10-5-4=1$
　　5

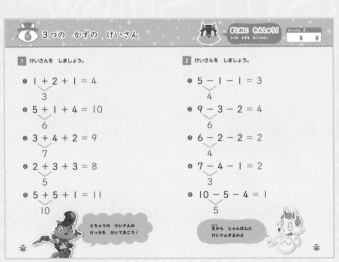

44〜45ページ

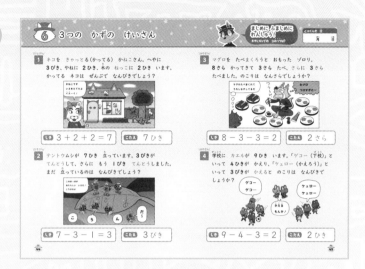

6 3つの かずの けいさん

まとめに まとめに れんしゅう！

とりくんだ日　月　日

1 ネコを きゃっとる（かってる）かねこさん。へやに 3びき、やねに 2ひき、木の ねっこに 2ひき います。かってる ネコは ぜんぶで なんびきでしょう？

しき 3 + 2 + 2 = 7　こたえ 7ひき

2 テントウムシが 7ひき 立っています。3びきが てんとうして、さらに もう 1ぴき てんとうしました。まだ 立っているのは なんびきでしょう？

しき 7 − 3 − 1 = 3　こたえ 3びき

3 マグロを たべまくろうと おもった ゾロリ。8さら かってきて 3さら たべ、さらに 3さら たべました。のこりは なんさらでしょうか？

しき 8 − 3 − 3 = 2　こたえ 2さら

4 学校に カエルが 9ひき います。「ゲコー（下校）」と いって 4ひきが かえり、「ケェロー（かえろう）」と いって 3びきが かえると のこりは なんびきでしょうか？

しき 9 − 4 − 3 = 2　こたえ 2ひき

50〜51ページ

7 くりあがりの ある たしざん

まとめに れんしゅう！

とりくんだ日　月　日

1 □に あてはまる かずを かきましょう。

❶ 9 + 3 = 12
　　　　　 1 2

9+3のかんがえかた
・9は あと 1で 10。
・3を 1と 2に わける。
・9と 1で 10。
・10に のこりの 2を たす。

❷ 8 + 3 = 11
　　　　　 2 1

8+3のかんがえかた
・8は あと 2で 10。
・3を 2と 1に わける。
・8と 2で 10。
・10に のこりの 1を たす。

❸ 7 + 4 = 11
　　　　　 3 1

7+4のかんがえかた
・7は あと 3で 10。
・4を 3と 1に わける。
・7と 3で 10。
・10に のこりの 1を たす。

❹ 5 + 9 = 14
　　　　　 1 4

5+9のかんがえかた
・9は あと 1で 10。
・5を 1と 4に わける。
・9と 1で 10。
・10に のこりの 4を たす。

ⓗ のヒント
小さいほうの かずを ふたつに わけよう！

2 □に あてはまる かずを かきましょう。

❶ 8 + 4 = 12
　　　　　 2 2

❷ 7 + 5 = 12
　　　　　 3 2

❸ 9 + 2 = 11
　　　　　 1 1

❹ 4 + 7 = 11
　　　　　 6 1

3 けいさんを しましょう。

❶ 9 + 5 = 14　❷ 7 + 6 = 13

❸ 6 + 8 = 14　❹ 8 + 5 = 13

つぎの ページで くりあがりの ある たしざんの 文しょうもんだいに チャレンジです

52〜53ページ

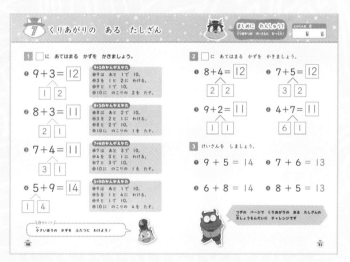

7 くりあがりの ある たしざん

まとめに まとめに れんしゅう！

とりくんだ日　月　日

1 ろうかに 赤い ふくの こどもが 8人、青い ふくの こどもが 3人います。こどもは ぜんぶで なん人 いるだろうか？

しき 8 + 3 = 11　こたえ 11人

2 ゾロリが おふだを 右手に 9まい、左手に 3まい もっています。おふだは ぜんぶで なんまいだ〜？

しき 9 + 3 = 12　こたえ 12まい

3 うえきばちの しょくぶつに ハチが 8ひき とまっています。そのあと 5ひき とまりました。とまっている ハチは ぜんぶで なんびき？

しき 8 + 5 = 13　こたえ 13びき

4 パンダが パンを 7こ たべました。さらに 4こ たべると パンダは パンを ぜんぶで なんこ たべることになりますか？

しき 7 + 4 = 11　こたえ 11こ

56〜57ページ

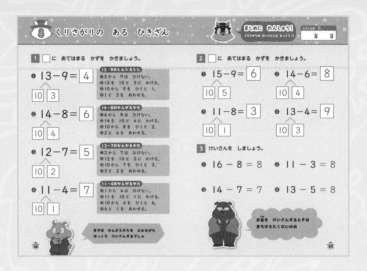

58〜59ページ

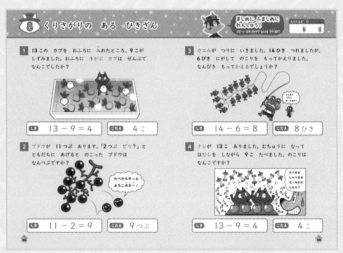

62〜63ページ

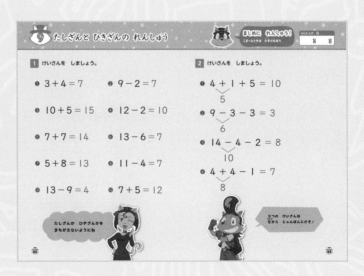

64〜65ページ

⑨ たしざんと ひきざんの れんしゅう

まじめに ふまじめに れんしゅう！

とくてん日　月　日

1 いかだで イカつりに いきました。8ひき つりましたが、3びきに にげられてしまいました。のこった イカは なんびきですか？

しき　8 − 3 = 5　　こたえ　5ひき

3 3さいの 小さい サイに サインを 7まい もらいました。そのあと「もっとください」と いって 5まい もらいました。もらった サインは ぜんぶで なんまいですか？

しき　7 + 5 = 12　　こたえ　12まい

2 またまた、ガムが 右の くつに 3こ、左の くつに 4こ くっつきましたが、2こは とることが できました。まだ くつにくっついている ガムは なんこ ありますか？

しき　3 + 4 − 2 = 5　　こたえ　5こ

4 気になっていた 木に 赤い はっぱが 4まい、きいろい はっぱが 4まい ついていましたが 気がつくと 3まい おちていました。木に のこった はっぱは なんまいですか？

しき　4 + 4 − 3 = 5　　こたえ　5まい

70〜71ページ

⑩ 99までの かず

まじめに れんしゅう！

めざせ 100てん まんてん！

とくてん日　月　日

1 ◻ の かずを かぞえて ☐ に かきましょう。

①
43

②
76

2 ☐ に かずを かきましょう。

① 10が 3こと 1が 6こで 36
② 十のくらいが 5で 一のくらいが 8の かず 58
③ 82は 十のくらいが 8、一のくらいが 2

3 けいさんを しましょう。

❶ 30 + 5 = 35　　❷ 20 + 3 = 23
❸ 70 + 6 = 76　　❹ 90 + 9 = 99
❺ 88 − 8 = 80　　❻ 52 − 2 = 50
❼ 41 − 1 = 40　　❽ 68 − 8 = 60

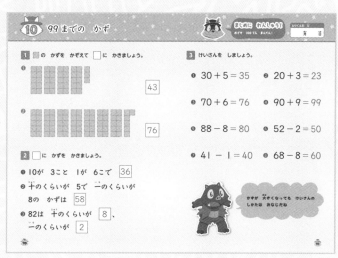

かずが 大きくなっても けいさんの しかたは おなじだね

72〜73ページ

⑩ 99までの かず

まじめに ふまじめに れんしゅう！

おかしキャラの レベルは どれくらい？

とくてん日　月　日

1 はこに ピッチリ 20こ 入った モモを かって かえりました。いえには 4こ モモも ありました。モモは あわせて なんこですか？

しき　20 + 4 = 24　　こたえ　24こ

3 スパイの ローズは すっぱい うめぼしを 48こ かって 8こ たべました。のこりは なんこですか？

すっぱ〜〜〜い！

しき　48 − 8 = 40　　こたえ　40こ

2 まごが たまごを 35こ かいにいきました。ところが、かえりに ころんで たまごを 5こ わって しまいました。われていない たまごは なんこですか？

しき　35 − 5 = 30　　こたえ　30こ

4 赤いろの カイロを 30こ かって かい（かえ）ろうとすると、おまけで 5こ もらいました。カイロは ぜんぶで なんこですか？

カイロほしい〜

しき　30 + 5 = 35　　こたえ　35こ

76〜77ページ

11 大きい かずの たしざん・ひきざん

まじめに れんしゅう！

1 けいさんを しよう。

- 10+20＝30
- 30+40＝70
- 20+30＝50
- 60+10＝70
- 50+20＝70
- 70+20＝90
- 20+60＝80
- 10+80＝90
- 40+20＝60
- 40+40＝80

2 けいさんを しよう。

- 30−10＝20
- 50−30＝20
- 70−20＝50
- 60−50＝10
- 40−20＝20
- 50−10＝40
- 90−10＝80
- 40−10＝30
- 80−60＝20
- 90−70＝20

ぜんぶで 10が なんこに なるかな？

のこる 10の かたまりは いくつだろう

78〜79ページ

11 大きい かずの たしざん・ひきざん

まじめに ふまじめに れんしゅう！

1 ゾロリは やおやさんで 90円の ネギを ねぎって 20円 やすくして もらいました。ネギは いくらに なってたでしょうか？

[しき] 90 − 20 ＝ 70 　[こたえ] 70 円

2 シイタケを 40こ かったら「ほしいだけあげるよ」と いわれたので さらに 10こ もらいました。シイタケは ぜんぶで なんこ ありますか？

[しき] 40 ＋ 10 ＝ 50 　[こたえ] 50 こ

3 ハブの はブラシには けが 90本 ありましたが つかっているうちに 20本 ぬけてしまいました。のこっている けは なん本でしょうか？

[しき] 90 − 20 ＝ 70 　[こたえ] 70 本

4 おならパワーアップのために イシシと ノシシは イモの かいものに いきました。イシシが 20こ、ノシシが 30こ かうと イモは ぜんぶで なんこでしょうか？

[しき] 20 ＋ 30 ＝ 50 　[こたえ] 50 こ

82〜83ページ

まとめ 0から 100までの かず

まじめに れんしゅう！

1 0から じゅんに かずが ならんでいます。あいている □を うめて ひょうを かんせいさせましょう。

0	1	2	3	4	5	6	7	8	9
10	11	12	13	14	15	16	17	18	19
20	21	22	23	24	25	26	27	28	29
30	31	32	33	34	35	36	37	38	39
40	41	42	43	44	45	46	47	48	49
50	51	52	53	54	55	56	57	58	59
60	61	62	63	64	65	66	67	68	69
70	71	72	73	74	75	76	77	78	79
80	81	82	83	84	85	86	87	88	89
90	91	92	93	94	95	96	97	98	99

2 □に あてはまる かずを かきましょう。

- 10より 7 大きい かずは 17
- 40より 8 大きい かずは 48
- 50より 2 大きい かずは 52
- 60より 9 大きい かずは 69
- 80より 3 大きい かずは 83
- 99より 1 大きい かずは 100

これが できれば 大きい かずは ばっちりね

この 本の もんだいを
とききった キミは さんすう ＆
おやじギャグマスターだ！

それでは これにて
さよおなら～

「ゾロリの さんすう
2年生」も あるよ

まじめにふまじめにおぼえる
かいけつゾロリの算数
小学2年生　かけ算・九九

おやじギャグもんだいづくりに ちょうせん!

オリジナルの おやじギャグもんだいを つくって ともだちに といて もらおう!

もんだい あ゙め゙え あ゙め゙を イシシが 1に

ノシシが 4こ もっています。

あめは ぜんぶで なんこでしょう。

しき

こたえ

もんだい

しき

こたえ

もんだい _____

_____

_____

_____

しき

こたえ

もんだい _____

_____

_____

_____

しき

こたえ

まじめにふまじめにおぼえるかいけつゾロリのさんすう
小学1年生　たしざん・ひきざん

2024年2月　第1刷

原作	原ゆたか（「かいけつゾロリ」シリーズ ポプラ社刊）
イラスト	大崎亮平　亜細亜堂
おやじギャグ制作	一般社団法人日本だじゃれ活用協会
デザイン	佐藤綾子
校正	崎山尊教
発行者	千葉 均
編集	柘植智彦　井熊 瞭
発行所	株式会社ポプラ社
	〒102-8519　東京都千代田区麹町4-2-6
ホームページ	www.poplar.co.jp
印刷・製本	中央精版印刷株式会社

ISBN978-4-591-18046-4　N.D.C.410 ／ 95P ／ 26cm ／ Printed in Japan
© 原ゆたか／ポプラ社・BNP・NEP

P4900376